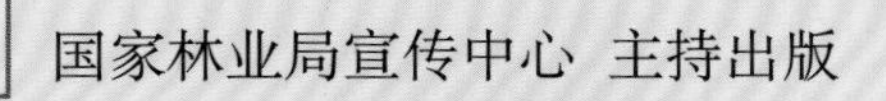

国家林业局宣传中心 主持出版

绿野寻踪

朱鹮的故事

雍严格 常秀云 雍立军 编著

雍严格 雍立军 等 摄影

中国林业出版社

作者简介

雍严格：1949 年出生，曾任陕西佛坪国家级自然保护区高级工程师，大熊猫研究中心主任。全国大熊猫保护管理咨询专家，在职研究生学历。几十年穿梭在秦岭腹地密林中保护研究大熊猫和秦岭羚牛等珍稀野生动物，从一位护林员成长为大熊猫专家和野生动物摄影师。

先后在国内外学术及科普刊物上发表研究论文 40 余篇，科普文章 100 多篇。荣获国家和省、部级科学技术奖 10 多项。曾与他人合作出版摄影画册 3 部，个人出版了《野生大熊猫》、《守望大熊猫》及《绿野寻踪——金丝猴》及《绿野寻踪——羚牛的故事》。

退休之后仍以自然摄影练体强身，以科普写作醒脑练心。今天又将《绿野寻踪——朱鹮的故事》奉献给读者朋友。

目录

第一篇 认识朱鹮

朱鹮名称的由来

1823 年，一位德国鸟类学家在日本考察时发现了一种鸟，就将采集的标本及相关资料送到荷兰拉依典博物馆，经该馆鸟类学家 Temminck 鉴定，将这种鸟定名为 *Ibis nippon*。后来的鸟类学家经过近 60 年的命名大战，终于在 1861 年定名为 *Nipponnia nippon*。是 1 属 1 种的罕见物种。

朱鹮在中国的历史记载远比其他国家悠久。最早见于《史记》，称朱鹮为“翾目”，也称“朱鹭”，民间多称“红鹤”，主要依据羽毛的颜色所定，这些名字在各地方志的物产项内经常出现。在日本，至今还在使用“朱鹭”、“红鹤”等汉字称谓。而我国则延用了“朱鹮”名称。

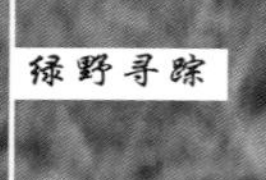

展翅

形态和神态

朱鹮的长相十分漂亮，惹人喜爱。它双颊桃红如染胭脂，眼虹膜呈黄色，在朱红色面颊上如同镶嵌着一颗宝石，晶莹剔透。嘴巴似弯刀出鞘，身上羽毛洁白如雪，两翅下侧和圆尾巴的一部分还透着粉红色光润；长长的腿呈桃红色；颈后长有十几根柳叶型羽冠，在后枕部时收时翘，十分华丽。它体态秀美，行动端庄大方，起落时轻盈飘逸，远远望去，如洁白的仙子，美丽动人。

朱鹮性格温顺，民间都把它视为吉祥的化身。古代封建王朝的高官显爵和寺院僧侣用朱鹮的羽毛作为装饰品和祭祀之物。而日本人民更是把它比作“仙女”、“圣鸟”，同时还把它的羽毛作为皇室神社里的重要供品的装饰，被日本定为“天然纪念物”。

在繁殖期，朱鹮的背部呈现瓦灰色，这样的色彩有利于孵化期与周围环境的色调一致，形成了安全隐蔽色。

水中觅食

校园里朱鹮文化

文化活动

朱鹮生态文化

朱鹮飞翔姿态优美，潇洒，宽大的双翅下身姿白中透红，秀雅俊逸，飘飘似仙女临风，令人陶醉，惹人喜爱。而以朱鹮的生存、繁衍、变迁，折射出了人类赖以生存的地球生态变化和发展的轨迹，积淀了内涵丰富而深厚的文化底蕴，使大自然的造化和沧桑历史的传奇共同造就了朱鹮这个绝妙物种的独特魅力。

海内外热爱自然、崇尚观鸟的人们慕名纷至沓来，一睹朱鹮芳容，而引为自豪。在朱鹮栖息地，以朱鹮为主题开展了生态旅游、观鸟、摄鸟活动，开展了青少年的自然科普知识讲座和竞赛活动。人们以朱鹮为主题，开发了生态文化产品（雕塑、邮票、绘画、刺绣、摄影等），使朱鹮形象深入人心。

2015 年，上海歌舞团以歌剧形式塑造了朱鹮矜持、典雅、洁净、高贵的美丽形象，引起强烈反响，深受人们热爱。

朱鹮的命运与人类文明结合，体现了人与自然的密切关系，提醒人类为了曾经的失去，保持永久的珍惜。

陕西省野生动物保护协会
欢迎使用回音卡
朱鹮
8分
朱鹮
Nipponia nippon
中国人民邮政
T.94(3-1)
1984
8
中国人民邮政
T.94(3-2)
80
T.94(3-3)

朱鹮这个物种，生活在距今约 6000 万年前，是一种比人类历史还要久远的“古老之鸟”。

30 多年前，它们在地球上近乎“灭绝”。从“发现”、“复活”、“保护”、“繁衍”、“兴旺”，一路走来，经历了许多坎坎坷坷，最终取得拯救工作的圆满成功。这一“奇迹”，令整个世界感到欢欣鼓舞。

朱鹮的历史分布

在历史上，朱鹮广泛分布于中国、日本、朝鲜、俄罗斯（苏联），是亚洲东部的特有物种。

在中国的分布也十分广泛，早期在内蒙古、黑龙江、辽宁、吉林、河北、山西、陕西、甘肃、江苏、浙江、安徽、山东、河南、湖南、福建、台湾等地都能见到它们，只是名称各不相同。

18 世纪下半叶至 19 世纪初这段时期是朱鹮种群迅速发展的昌盛时期。

近乎灭绝

19 世纪中叶，世界战争相继平息，各国面临战后家园重建、恢复生产、百废待兴的重要时局。特别是传统农业向化学农业的发展，自然生态环境受到了严重破坏，致使朱鹮营巢的大树被砍，加上围湖拦坝、水田起旱，大量的工业污水排放以及大量化肥、农药的使用，使朱鹮觅食地的自然环境受到了极度污染，迫使朱鹮活动范围不断退缩。至 19 世纪 50 年代后，有朱鹮分布的 4 个国家范围内，朱鹮活动的消息中断，持续达 30 年之久，这期间再无朱鹮的任何活动情况报告。

1963 年，朱鹮在苏联哈桑湖灭绝。

1979 年，朱鹮在朝鲜板门店销声匿迹。

1967 年，日本成立朱鹮保护中心。到 1979 年，日本国全境只剩 8 只朱鹮。1981 年又有 3 只死去。为了使朱鹮摆脱灭绝的境地，日本政府决定把剩下的 5 只野生朱鹮全部捕获进行人工圈养。由此，日本宣布本土野生朱鹮绝迹。

20 世纪中叶，由于人类生产活动加剧，中国境内也见不到朱鹮身影。这时，国际鸟类学家发问：中国还有朱鹮吗？

形单影只

最后的食物

朱鹮的重新发现——中国幸存的 7 只朱鹮

1978 年，受国务院委托，中国科学院组织专业调查组，由中国科学院动物研究所研究人员刘荫增带队，开始寻找中国境内的朱鹮。

调查小组按照中国朱鹮历史分布区所涉及的近 20 个省份展开了全面调查，历时 3 年时间，行程 5 万多千米，跑遍了大半个中国。

1981 年 4 月，调查队来到位于秦岭南坡脚下的陕西省洋县进行考察。

调查组通过当时仅有的宣传媒体——洋县电影院，放映电影前插播朱鹮图像幻灯片，动员洋县民众提供朱鹮活动信息。半月过去了，一点朱鹮的信息都没有，队员们心急如焚，这洋县可是朱鹮调查的最后一站，如果发现不了，就要向国家报告——朱鹮在中国也同样灭绝了。

首次发现

新的希望

一号种群

5月初的一天，洋县一位叫何丑蛋的农民利用雨天进城办事，顺便去电影院看场电影。这时他看到了调查朱鹮的幻灯片，就觉得曾见过这种鸟，可一时又想不起啥时在啥地方看到过。

就这样，何丑蛋获悉了国家在找朱鹮的消息。过了几天，他去山上砍柴，看到树上正在做巢的鸟——这不就是国家要找的那种鸟吗？他自言自语地说，这哪是朱鹮，明明是红鹤！为啥要叫朱鹮呢？他和同路的另一位农民决定到县上汇报！

到县上有50多里的路程，天黑时他们才到达。找到调查组后，便把看到的情况详细地告诉了刘荫增等人。刘老师很惊奇，跑了大半个中国都不见，这消息是真的吗？就约定由老何带调查组人员一起去观察，确认是不是朱鹮。

1981年5月21日早上，刘荫增等人拿上调查用的设备，同老何一路向金家河赶去。晌午时分，他们来到巢下，一看，奇迹出现了！调查组人员激动得一个个眼中流出了泪花——历时3年，5万千米路程，走了大半个中国的辛苦，终于有了结果，见到了第一对朱鹮！

一周之后，就在刘荫增他们如获至宝地守护在朱鹮的巢树下观察朱鹮时，附近的村民再一次带来喜讯，告诉调查组，在这座山的背后一棵大树上还有2只朱鹮。调查组人员立即赶过去，在仅有7户人家的姚家沟一面山坡半山腰的青岗树上发现了1对朱鹮和正在哺育的3只幼雏。

这就是中国仅有生存的朱鹮物种，这里就是朱鹮的最后的家园！这时世界上唯一的野生朱鹮种群数量仅只有这7只了，它们后来被称为野生朱鹮“一号种群”。

最后的家园

第三篇 生存环境

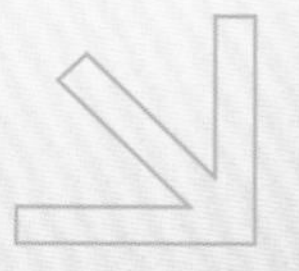

广阔的丘陵山地是朱鹮生活的最佳环境

栖居地

当年发现朱鹮的金家河和姚家沟为海拔700米的低山区。后来随着朱鹮种群扩大，大部分朱鹮都栖居活动在汉江南北两岸的平原和丘陵地带。

朱鹮生存的基本要素是湿地、大树、人户，这3个要素相互依存，缺一不可。湿地是朱鹮觅食的主要场所，大树是朱鹮营巢繁殖栖息的基本条件，人户是农田湿地持续保持的根本，能为朱鹮增加安全感。

这里的湿地主要是水田、小溪、池塘或水库尾部。近年来野生朱鹮数量在增多，它们也常在秋、冬季节到汉江的浅水区（天然湿地）来活动觅食。

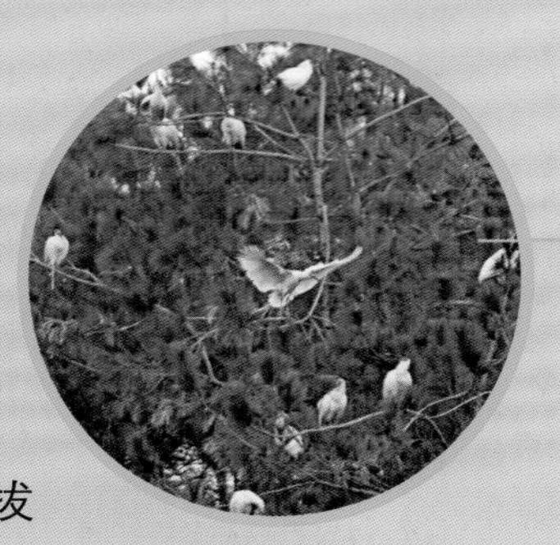

吃饱了就飞到大树上歇息

当地村民和朱鹮那是一家子

汉江上的浅水区是朱鹮最宽阔的觅食区和休息区

带着孩子们到汉江水中游憩

良好的汉江湿地为朱鹮种群发展提供了优越条件

汉江两岸的万亩油菜花海，任朱鹮自由飞翔

汉江的浅水区成为朱鹮的觅食区

常与农家的牲畜或野生雉鸡在同一环境活动

夜宿地

黎明时离巢外出觅食

夜宿

朱鹮除繁殖期结对单独栖息之外，其他季节都是集群栖居在一片有大树的森林中，少则几十只，多则数百只。它们每天在凌晨飞离夜宿地，夕阳落山时才一群群、一对对地从四面八方飞回夜宿地。

夜宿地多在水库一侧的山林中，它们在大树上夜宿，树下面便是水库，没有道路，环境安静，少有人为干扰。它们还会在规模较大的公墓坟地边的大树上夜宿。通常墓地的树木无人砍伐，保留了很多大树，可供朱鹮使用。

巢树和停歇树

朱鹮筑巢的树，树龄大都在 20～30 年以上，在百年以上大树上也见到过朱鹮营巢。朱鹮营巢的树种主要有青冈树、马尾松、油松、杨树、银杏树等。它们的觅食区或夜宿时的树种主要有柿树、臭椿树、合欢树、杨树、槐树、马尾松、青冈树、苦楝树等。

无论是营巢树或停歇树的位置，都选择在利于出入飞翔、向阳及视野开阔、没有遮挡的林缘大树上。

营巢和停歇双功能树

停留树

停歇树

在大树上筑巢繁殖

第四篇 生态习性

年活动规律

每年的3月中下旬至6月中下旬，是朱鹮的繁殖季节。在繁殖期间,朱鹮白色的羽毛变为铁灰色的“婚羽”,与平时洁白雪亮的相貌大相径庭，这也是朱鹮保护自己、迷惑天敌的生理性适应变化。此时，朱鹮情侣在大树上建婚巢，小两口过着甜蜜的爱情生活。它们对大树是有选择性的，一般选择在有稻田的村落附近的高大树冠上筑巢。婚后，它们会产下1～4枚卵。它们的卵外壳呈浅绿色，壳上长着褐色细小斑点或斑块。

成年朱鹮繁殖期的毛色变为瓦灰色，雌性比雄性的颜色更深

朱鹮的卵

朱鹮不在繁殖期时，它们的毛色洁白雪亮，常常10～30只朱鹮为一群在一起活动。

12月以后进入繁殖前期，雌雄鸟开始结对生活，为即将到来的繁殖期做准备。如果你见到3只在一起活动的朱鹮，其中一只就是随时准备插足的第三者。

当年繁殖出的幼鸟，到一定时候会离开亲鸟，开辟自己的新的活动范围，这时它们与父母亲的家庭就解体了。

不在繁殖期，毛色白中透红

10月在水库尾部浅水区聚群活动

正午时间朱鹮来到僻静的水塘开始沐浴

浴后抖水

日活动规律

根据一年四季不同的日出时间，朱鹮每天都在太阳升起的时候，逐个分批飞离夜宿地的大巢树，来到湿地觅食；中午 11 点至下午 2 点左右，它们选择安静、少有人为干扰的河流浅滩，找到水质清沏处沐浴。朱鹮非常爱干净，一年四季都有沐浴的习惯。沐浴过后，喜欢站在石头上展翅抖水，理毛休息。下午 3 点左右到觅食地觅食。太阳下山后陆续返回夜宿地。它们就是这样，过着安祥、规律的生活。

浴后亮翅

黎明出巢

傍晚回夜宿地

觅到了一只龙虾

觅到一条大鱼

觅食及食物资源

自然界的朱鹮食谱中有泥鳅、小鱼、鳝鱼等鱼类，蝌蚪、蛙、蝾螈等两栖类动物，小虾、螃蟹等甲壳类动物，田螺、蜗牛等软体动物，还有蚯蚓、蟋蟀、蝼蛄、蝗虫、甲虫和水生昆虫等，有时还吃一些芹菜、稻粒、豆子、草籽、嫩叶等植物性的食物。

带着幼鸟到草地中寻找昆虫

在草地上找点昆虫

繁殖期朱鹮在冬水田、小河沟旁边的天然湿地觅食；游荡期，也是非繁殖期，主要觅食于河流、池塘、水库边缘的自然湿地中。8～9月份，在水库旁边及河流周边有种植的豆科农作物旱地，朱鹮会在其中觅食蝗虫类食物。

抓到一只泥鳅

为争夺食物有时也发生争执

第五篇 繁殖

繁殖年龄

朱鹮 2 岁进入繁殖年龄。在中国宁陕和日本也有 1 岁开始繁殖的朱鹮，极罕见。根据保护区记载的相关资料——陕西三岔河巢区的一对朱鹮，从 1984 年开始营巢繁殖，至 2007 年这对朱鹮仍在继续成对繁殖，已有 24 年的繁殖记录。它的基本年龄最低也在 26 年以上。朱鹮最长寿命可达 36 年。

中国人工饲养的朱鹮寿命在 30 岁左右。北京动物园当年饲养的“平平”到 25 岁时还能繁殖。说明朱鹮的最高繁殖年龄是 25 岁。

结对夫妇

忠贞不喻

朱鹮的婚配是一夫一妻制，一旦配对，不出现异常情况的话，配对十分稳定。人们常以朱鹮的配对关系比喻爱情的忠贞。

在配成对的朱鹮身边，常会见到一只游离左右的朱鹮，这很可能是一只没有配上对的“光棍男”，它很想插足人家的家庭，但已配对的那位妻子一般不予理睬。第三者很难插上足。

雄性朱鹮有时见到身边的漂亮异性，也会瞅上两眼，这时，它的妻会快速地飞来向雄性示爱，两只原配秀起了恩爱，其他异性就难以插足其中了。

雄性朱鹮有时见了妻子之外的雌性也会瞅上两眼

夫妻恩爱有加，第三者眼馋

赶走第三者

吵架

我是她的朋友，你送的什么花？

于是，美女朱鹮迅速走向另一块稻田

它们俩扬起头相互吵了起来，埋怨着对方，进而相互拍打着翅膀，转着圈对骂起来

你们俩个真讨厌

[小插曲] 一群朱鹮在一片稻田中活动，两只雄性朱鹮各自用喙夹起了一枝树棍或是一枚草节，垂着翅膀，一步一点头地向旁边觅食的雌性朱鹮走去，准备向意中的“美女”献花。美女朱鹮扬起了头，瞅见一下子有两只雄性朱鹮向她走来，她明白他们都是来向自己献花的，收哪位的好呢？不行，我得离开，让这两位小子去自己抉择吧。两只雄性朱鹮走过来却不见了雌性朱鹮，直到另一只雌性朱鹮走了过来，将她中意的雄朱鹮的巢材接下来，才让它们的争吵停了下来。

建立爱巢

“立春”过后，草木发芽，朱鹮在繁殖区选好了做巢的树，夫妻双双从附近的林地中衔回了各种巢材，开始筑巢。10～15天，最快的7～8天，才能搭好自己的爱巢。

巢多搭建在与大树相对垂直的树枝的分枝处，比较避风、遮阴、靠近树的主干处，有的利用大树伸出的主枝搭建。

巢十分简陋，巢体选用干枯的树枝堆积起来，上部平坦，然后在表层铺上一些破布条或干草。巢的直径有40～60厘米。

带回巢材

做巢

在一个与大树主干比较垂直的树枝上做的巢

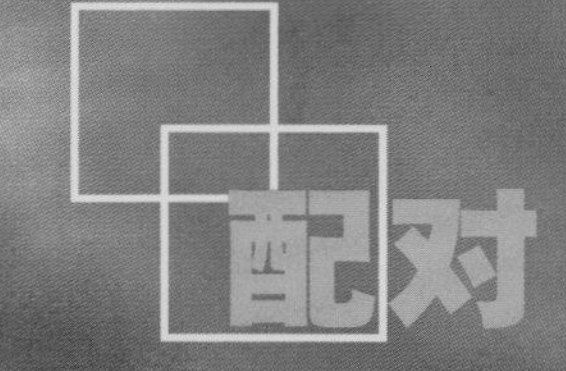

配对

从筑巢开始，夫妻俩就一边劳动，一边唱着它们的情歌，发出欢快的叫声。然后彼此以长长的嘴碰在一起——这就是它们的亲吻。之后雄性亲鸟主动跳上雌性的背部，进行交尾——配对。

交尾结束，双方同时扬头朝天鸣叫，庆祝它们的幸福婚配。如果附近有其他的朱鹮存在，这种鸣叫行为也起到了炫耀作用。

交尾

交尾结束，双双高唱快乐之歌

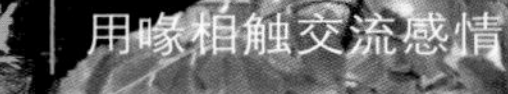

用喙相触交流感情

翻卵

产卵

一巢育成 3 只宝宝

产卵与孵化

3 月下旬，朱鹮夫妇新的生命孕育成功，也完整地建好了巢。这时雌性朱鹮便开始卧巢产卵，每天产 1 枚，一共产 2～4 枚卵。

从产下第一枚卵开始，夫妇俩便交替进行孵化。一只亲鸟出去觅食 1～2 个小时，回来后另一只再出去觅食。

孵卵时，每间隔 1 小时左右，亲鸟要站起来用嘴勾着卵进行翻转，这样可以保证卵在发育中受热均匀。

孵化期 28 天左右，朱鹮雏鸟破壳。它们出壳之前的一周时间，亲鸟会不时地在附近有水的地方洗浴，并带上水珠回来孵卵，让鸟卵接触点水，使卵壳变得软一些，以便于雏鸟破壳而出，准父母的爱心满满的。

在自然状态下，每一巢产 3 枚卵的幼鸟成活率最高。

哺育幼仔

朱鹮宝宝出壳了，爸爸妈妈备加关爱。当妈妈将宝宝暖在腹下时，爸爸便出去采食。爸妈将采到的食物咽下，在胃中进行研磨，变成半消化的乳状食物，然后再飞回巢中，将乳状食物从胃中返流到食管内。

幼鸟在急切地向父母求食，不断地扇动着小翅膀，同时把小嘴伸入爸爸或妈妈的喉部，这样就能吃到可口又富有营养的食物了。朱鹮父母就是这样来喂养它们的幼仔。

亲鸟采食归来

老大总能先得到美食

先出壳的鹮宝宝比晚出壳的宝宝体型大一些，因此，在每次喂食中，老大总是一边用嘴啄着弟弟妹妹，一边从父母口中得到食物。如果一个巢中有 3 只幼子，总是老大吃了，轮到老二吃，老二吃了再轮到老三。往往老大、老二吃完，老三就没得可吃了，只好饿肚子。

爸爸、妈妈有时看老三抢不到食物，就会用嘴拨开老大、老二，专门给老三喂食。尽管这样，老三总是长得瘦小，有的由于体弱，营养不良，又常遭到老大、老二的欺负而中途夭折。

爸爸要外出采食去了，妈妈在巢中看护幼雏

随着幼鸟日渐长大，爸爸妈妈除带回肉糜之外，还会将完整的食物甚至是活着的泥鳅、鳝鱼带给幼鸟，教孩子们认识食物的形态，以启蒙幼子对食物的认知。

育幼期间，父母一般都是轮流出外采食，总要留一只在巢中或在巢的附近守护着巢中的幼鸟。如有天敌来犯，它们便会奋力驱赶，保护幼鸟的安全。

喂食之后总有一只亲鸟站在附近守护着孩子们的安全

长大离巢

幼鸟出壳后，长得很快，30 天时体型大小已和爸爸妈妈相似。40 天时除脸颊部仍是淡黄色之外，全身毛色变白，翅膀内侧的羽毛已经泛红。

35 天左右，爸爸、妈妈就开始在巢的上下飞来飞去，给幼鸟做飞行示范，幼鸟也开始慢慢站起，离开巢，到附近的树枝上站立或走动，不时地扇动双翅，锻炼平衡。幼鸟自出壳后，通常要 38～45 天才正式离巢。离巢后飞向附近的农田，这个时期的水田已经插上水稻秧苗，刚耕种的稻田里适合朱鹮的食物非常丰富。

幼鸟经过 40 天左右的成长，已经和自己父母体型相似了。终于可以离巢站到更高的树枝上了

哥，这么高我害怕

“孩子们，像我这样飞”。亲鸟在幼鸟离巢前的最后几天里，不断地给幼鸟做着飞行示范

幼鸟兄弟姐妹离巢的时间将会持续 2～3 天，依然是老大先飞走，然后依次离巢，直到老三离巢后，全家就要将活动中心移到水田或湿地中去。

亲鸟在幼鸟刚离巢的最初 3 天，还不断地为它们喂食，喂食的同时在水田中示范觅食行为，经过 2 天的培训，幼鸟不仅学会了觅食，并且随着父母学会了飞翔。

刚离巢，幼鸟还不能觅到足够的食物，在起初的几天内还需亲鸟喂食一些食物

离巢的幼鸟见到亲鸟非常兴奋

边游荡边学习

7～8 月是朱鹮的游荡期，这个期间亲鸟带上幼鸟，白天飞至江河、湖叉、水田等湿地觅食，培养幼鸟熟悉各种环境，锻练幼鸟的独立生活能力。

学习期间，它们常常结群活动，扩大鸟类的集群和社会交流能力。朱鹮幼鸟离巢后，在亲鸟的带领下，先在巢区内学会觅食方式、飞翔能力、防御天敌，经过半个多月时间的锻炼，适应之后，跟随亲鸟离开巢区，向低山、平川一带小范围迁移活动。

亲鸟做飞行的示范

亲鸟看着孩子们练习飞行

为了争食，两兄妹也打起架来

离巢后亲鸟带着宝宝适应各种环境

第六篇 生活中的伙伴

和朱鹮生长在一起的动物主要是鸟类。常见的有鹭类，还有其他鸟类。鹭类不仅白天与朱鹮一起在湿地内觅食，夜晚还共同栖居在同一片夜栖地的树上。

它们是朱鹮食物的竟争者。鹭类有几种，主要有白鹭、夜鹭、苍鹭、池鹭等。

还有一些鹬类水鸟，当然，也能看到大嘴乌鸦、喜鹊、珠颈斑鸠等。

白鹭最喜欢与朱鹮一起觅食，这样可以从朱鹮口中夺食——朱鹮从泥水中觅到一条泥鳅，它先用嘴将泥鳅提起来，调整、摆顺位置，然后准备慢慢享用。在这个过程中，白鹭就会趁机从朱鹮口中抢夺走这口美食。

但是，白鹭也可以对朱鹮起到哨兵的作用——朱鹮觅食时是头和眼向下寻找食物的，每当朱鹮低头觅食时（有时连头都插在水里），对觅食环境周围的危险因素不能及时发现，干扰会悄悄来到身边而往往朱鹮不易发现。白鹭则不然，它是站在水面上捞鱼吃的，常常可以迅速观察到周围的环境变化情况，如有干扰或危险临近，白鹭便率先发出叫声飞起来，这时就会引起朱鹮的警觉。所以说它们是好伙伴。

与朱鹮为伴的还有一个有趣的邻居，是灰胸竹鸡。当人们在观察或拍摄朱鹮时，周边那灰胸竹鸡便用洋县人的特有语音，发出“看朱鹮！看朱鹮！”的叫声，倒真像是朱鹮的“知音”了。

朱鹮与鹭类

大麻鳽

鹬类

池鹭

灰胸竹鸡

红嘴蓝鹊

红腹锦鸡

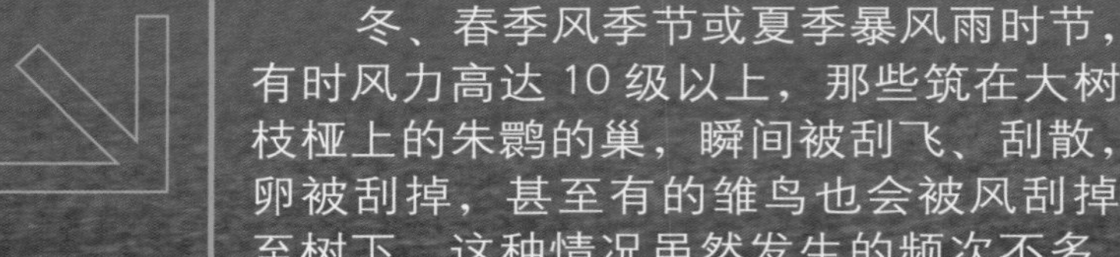

第七篇 生存中的威胁因素

冬、春季风季节或夏季暴风雨时节，有时风力高达 10 级以上，那些筑在大树枝桠上的朱鹮的巢，瞬间被刮飞、刮散，卵被刮掉，甚至有的雏鸟也会被风刮掉至树下。这种情况虽然发生的频次不多，但危害性比较严重，是无法逆转的。

在朱鹮栖息地，连续几年冬、春季节缺雨少雪，许多河流、塘库干枯；加之农村人口向城镇转移，许多冬水田被荒废撂旱。致使湿地面积减少，朱鹮的食物开始减少。近年来出现了朱鹮离开原来的栖息地，集中向平原或汉江主流河道移动。

自然灾害

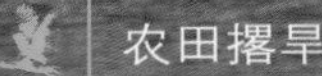

农田撂旱

农田撂荒

农田弃耕

农田变旱地

小河枯水

水质污染

河流水量减少

蛇在树上

王锦蛇

天敌

朱鹮的天敌主要是蛇、鼬科动物和猛禽类。危害时间多集中在4～6月朱鹮繁殖期。

王锦蛇专吃朱鹮的卵和刚孵出的幼雏 。一天中午时分，一条王锦蛇悄悄地爬上巢树，将巢内3只雏鸟咬伤，并咬住老大慢慢吞吃。两只亲鸟在旁边非常着急和惊恐,嘶声鸣叫着，呼唤人们帮它挽救幼鸟。巢区当地的观察人员及时发现后，用长竹杆（防御天敌工具）对爬上树的王锦蛇身上不断击打，致使蛇疼痛难忍，从树上摔了下来。

保护区工作人员马上对受伤的幼鸟进行紧急抢救，最后，成活了2只小朱鹮。

黑鸢

鼬科动物主要是黄鼬和伶鼬，它们都是在夜间进行偷袭。在洋县桂峰村辖区，曾有一对朱鹮在不到半个月时间内，遭到黄鼬连续 3 次袭击，迫使它们迁址营巢，影响了当年的繁殖。

猛禽主要出没于朱鹮的游荡期间，时间集中在每年的 8～10 月。在花园乡波溪村沐浴垭河曾发现一只朱鹮被鹰击打后翅膀受伤。经保护人员查看，受伤朱鹮的左翅肩膀基部肱骨呈粉碎性骨折，经救护后成活。

普通𫛭

伶鼬

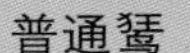
黄鼬

人类活动对朱鹮生存的影响

砍伐巢树

湿地和森林是朱鹮赖以生存的基本条件。朱鹮在繁殖期选择靠近村庄、农户附近的大树筑巢，许多良好的巢树被朱鹮连续多年使用。而这些巢树其中有不少的树木权属为农户个人所有，当农户要采伐使用这些大树时，朱鹮的安全就无法保障了。

农药、化肥

农药和化肥是现代农业发展和提高农产品产量的重要措施，但是，农药和化肥的残留物融入湿地，不仅会造成湿地生态污染，还会残留于水生动物的体内。由于朱鹮只生活在这种环境中，所以，这些吸收残留物的水生动物又被朱鹮取食，对朱鹮的生存就产生了影响。

保护工作者为了保护朱鹮的生态安全，从 20 世纪 80 年代就禁止在朱鹮分布区内使用农药和化肥。并且实施生态大米项目，采取提高生态大米价格等措施，以减少农药、化肥的残留和污染，起到了较好的保护作用。

朱鹮种群数量在不断增加，朱鹮的种群就不断向外部扩散，而新扩散的地区还在使用农药化肥，新的问题在不断产生，保护朱鹮物种的工作任务还很艰巨。

给水稻喷施农药

撒化肥

电鱼

一些村民为了卖鱼或是用小鱼养殖大鲵，常在朱鹮经常觅食的河流和汉江流域用电瓶捕鱼，破坏了朱鹮的食物资源。

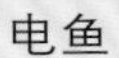

电鱼

用大功率蓄电瓶在朱鹮觅食区——汉江河中捕鱼

第八篇 保护朱鹮

建立自然保护管理机构

1981 年 7 月，陕西省洋县人民政府成立朱鹮临时保护小组，进驻姚家沟进行保护观察。

1983 年 3 月正式建立“洋县朱鹮保护观察站”，站机关设在洋县洋州镇金家村。

1986 年，在林业部支持下，陕西省人民政府批准成立了陕西朱鹮保护观察站，同时批准建立朱鹮饲养救护中心。

2001 年，陕西省人民政府授权陕西省环境保护局批准建立陕西朱鹮自然保护区。

2005 年 7 月，国务院批准成立陕西汉中朱鹮国家级自然保护区，面积 37549 公顷。

朱鹮家园

洋县朱鹮爱鸟协会

保护野生种群

繁殖期监护

对每个朱鹮巢进行昼夜看护。禁止当地农民和家畜靠近巢区；在巢树下架设救护网，防止雏鸟坠落伤亡；驱赶蛇类、鼬科动物和猛禽等天敌；在巢树树下部包裹塑料布、铁皮和刀片，防止蛇类上树危害朱鹮卵和幼雏。

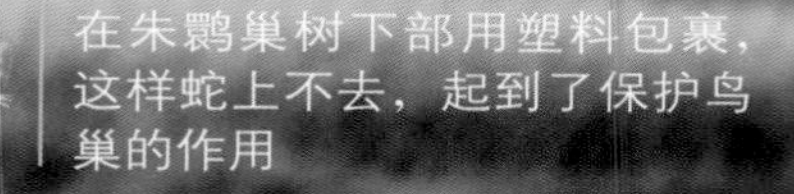

在朱鹮巢树下部用塑料包裹，这样蛇上不去，起到了保护鸟巢的作用

人工投食

每年繁殖期向朱鹮巢区的水田里投放泥鳅，为朱鹮补充食物，保证配对朱鹮正常产卵，提高繁殖成功率。

腿上的环就是环志

在幼雏时期，保护区人员就为它们戴上了环志，以环志的编号载入了档案

佩戴了环志的幼鸟

环志、巡护和种群监测

每年对新生朱鹮幼鸟进行环志，通过环志建立数据库，掌握朱鹮的活动规律和种群动态。

朱鹮保护区的工作人员常年对野生朱鹮进行跟踪观察和保护，监测朱鹮的活动范围、觅食地和夜宿地，以便及时发现、抢救伤病朱鹮。

野生个体的救护

为了保证野生朱鹮伤病个体得到及时诊断和救治，保护区联合当地医院和兽医院组建了朱鹮医疗救护小组。历年来共救治伤病朱鹮近百只。

冬水田改造

鼓励当地农民保留冬水田，一年只种植一季水稻，秋冬季翻耕蓄水；保证每年 11 月至次年 5 月农田水深达到 10～15 厘米，为朱鹮提供理想的冬季觅食地。

未蓄水的稻田

刚放上水，朱鹮就去觅食

朱鹮在冬水田中觅到了泥鳅

优质的冬水田，才有丰富的朱鹮越冬食物

有水的冬水田，才会有朱鹮的食物

此类湿地也是朱鹮冬季觅食的最佳环境

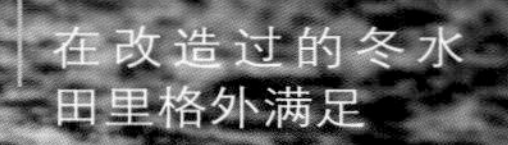

在改造过的冬水田里格外满足

林木保护

严格保护朱鹮的营巢地和夜宿地。政府出资征购重要营巢树，并挂牌编号，严禁砍伐。同时聘请当地农民对朱鹮主要夜宿地和营巢树进行保护。

环境监测

朱鹮栖息地的环境质量与朱鹮的生存息息相关，科研人员随时对朱鹮的巢区、游荡区和觅食地的土壤或地表水中的农药、砷和氨氮含量进行监测，以避免和减少野生朱鹮食物中的有害化学物残留。

建立生态农业

经过 30 多年保护，朱鹮野生种群已发展到 2000 多只，开始摆脱濒临绝灭的境地。对朱鹮这个特殊的物种，要持续、长久发展，就要建设生态农业，这是保证朱鹮生态安全最为关键的因素。

多年来，在当地政府、朱鹮自然保护区以及国际保护组织的支持、推动下，将陕西洋县朱鹮分布区的大米、梨（不施农药、化肥）注册为“朱鹮牌”生态大米和生态水果品牌，以此扩大市场，提高经济效益，使当地农户增加了收益，朱鹮的生态环境也得到了改善。

入工圈养（赵鹏鹏摄影）

加强人工饲养

为了及时抢救野外受伤和患病的朱鹮，从1990年起在陕西洋县当地开展了救护饲养朱鹮工作。为了使朱鹮种群不断发展，中国政府采取了野生保护与人工救护饲养相结合的朱鹮保护拯救措施。野生保护与人工救护工作几乎同步展开。

1992年，经林业部批准，在陕西朱鹮保护观察站内（洋县周家坎）正式建立陕西朱鹮救护饲养中心，全面负责朱鹮的救护工作。1992年5月中旬，从野外抢救了5只病伤朱鹮，饲养成活。

人工圈养（赵鹏鹏摄影）

救护工作主要是对野生病伤朱鹮进行治疗、饲养，在此基础上建立并发展起朱鹮人工种群。1992 年，笼养条件下朱鹮人工繁殖成功。这意味着，朱鹮种群复壮闪烁出希望之光。2001 年，笼养条件下朱鹮自主繁殖成功，揭开了朱鹮保护的新篇章。

至 2016 年底，全球人工饲养朱鹮达到 18 处（日本 4 处、韩国 1 处，中国有陕西洋县城关镇、洋县华阳、周至楼观台、宁陕县寨沟、铜川耀州、宝鸡千阳，河南董寨，浙江德清、杭州野生动物园，北京动物园，上海野生动物园，广州番禺野生动物园，四川峨眉山），朱鹮数量达 900 余只。

放归到宁陕县寨沟的种群

野化放归

人工饲养朱鹮首次异地野化放飞

2007 年 5 月 3 1 日上午 9 时，26 只人工饲养的成年朱鹮在陕西省宁陕县寨沟村被放飞山林，这是朱鹮历史上首次异地野化放飞。这 26 只朱鹮分别从洋县、周至朱鹮繁育基地引进，此前，放飞的朱鹮在这里已经进行过一个月的野化放飞适应性驯养

人工救护饲养的朱鹮种群渐渐扩大，是时候让它们回归大自然了。2004～2006 年，在洋县华阳进行了两次人工饲养朱鹮野化放飞实验。

将人工繁育的朱鹮经过野化训练，然后将它们放飞到其他地方，让它们在异地恢复野外种群。是对朱鹮最有效的保护措施。这样，既可以减少野生朱鹮分布狭窄的问题，同时也可以扩大朱鹮种群分布范围，增加朱鹮种群数量，更加有效地拯救朱鹮。

朱鹮野化放飞取得了显著成效。目前，陕西省宁陕县已经建立了稳定的野化放飞自然种群，铜川放归的种群也在自然环境条件下取得了首次繁殖成功。同时，扩大了野生朱鹮种群的栖息地，对防止疾病感染、避免物种灭绝、提高遗传品质具有划时代的意义。

自由飞翔

这项成果在全国乃至日本、韩国及亚洲实施成功，朱鹮重归大自然。这样就有可能恢复朱鹮的历史分布了。

2007 年 5 月，在宁陕的寨沟村首次开展了朱鹮的异地野化放飞，连续 4 次放飞了 60 只朱鹮。2008 年这些放飞的朱鹮在野外顺利繁殖成功，建成了一个相对稳定的朱鹮异地再引入种群。2013 年 7 月，又首次在秦岭以北的陕北黄土高原的边缘铜川耀州放飞了 32 只朱鹮，次年在耀州野外繁殖成功，目前也成功建立了 60 只左右的人工放飞种群。在这些放飞的基础上，近 10 年来我国又先后在河南省的董寨，浙江省的德清县，陕西省的铜川市、宝鸡市千阳湿地放飞了朱鹮。

2008 年，日本也在佐渡岛开展了朱鹮野化放飞，直到 2012 年首次在野外繁殖成功。

目前，我国所放归的朱鹮活动范围已达 1 万多平方千米，朱鹮翱翔在了东亚的天空，开辟了朱鹮大范围、远距离野化放归的成功范例。

自然扩散到西乡县的种群

第九篇 朱鹮的未来

保护和扩大栖息地

30 多年来，野生朱鹮活动范围已由洋县扩散到汉中市的城固、西乡、佛坪、留坝、汉台、南郑，以及安康市宁陕县、汉阴县，宝鸡市太白县、金台区，分布面积达 14000 平方千米。

与人和谐相处

自由漫步在田间

野生种群自然扩散

随着朱鹮野生种群数量不断扩大，其栖息地内的湿地对种群承载力需求也在不断增大。因此，朱鹮种群需要不断扩散，就要增加新的栖息地，以满足它们种群生存所需要的活动空间和食物资源。

从 1981 年起，朱鹮种群活动范围逐渐在洋县境内的各乡（镇）扩散，至 2000 年之后又逐渐向相邻的西乡、佛坪、城固、汉台等县（区）扩散，并在这些地方长年栖居繁殖。近年来进一步扩散至勉县、南郑、留坝等地居留，并繁殖形成了独立的种群。

将来，朱鹮要在全国各地广为分布，并连为一片。对人工饲养的朱鹮还要进一步实行野外放飞，建立朱鹮野化放飞基地，使人工繁殖的朱鹮适应不同的自然地理环境，改变遗传的多样性。朱鹮经过自然选择，适应这片它们祖先曾经生活过的土地环境，重新回到种群兴旺的历史状态。

图书在版编目(CIP)数据

朱鹮的故事 / 雍严格, 常秀云, 雍立军著.
-- 北京:中国林业出版社, 2017.10
(绿野寻踪)
ISBN 978-7-5038-9323-0

Ⅰ. ①朱… Ⅱ. ①雍… ②常… ③雍… Ⅲ. ①朱鹮－基本知识 Ⅳ. ①Q959.7

中国版本图书馆CIP数据核字(2017)第254126号

出　版　中国林业出版社（100009 北京西城区德内大街刘海胡同 7 号）
网　址　www.cfph.com.cn
E-mail　Fwlp@163.com
电　话　(010) 83143615
发　行　中国林业出版社
印　刷　北京卡乐富印刷有限公司
版　次　2017 年 11 月第 1 版
印　次　2017 年 11 月第 1 次
开　本　880mm × 1230mm　1/24
印　张　3
定　价　20.00 元